coleção **TEMAS DE BIOLOGIA**

Histologia Vegetal

Armênio Uzunian
Professor de Biologia na cidade de São Paulo.
Cursou Ciências Biológicas na Universidade de São Paulo
e Medicina na Escola Paulista de Medicina,
onde obteve grau de Mestre em Histologia.

Ernesto Birner
Professor de Biologia na cidade de São Paulo.
Cursou Ciências Biológicas
na Universidade de São Paulo.

Direção Geral:	Julio E. Emöd
Supervisão Editorial:	Maria Pia Castiglia
Revisão de Texto:	Jamir Martins
Editoração Eletrônica:	Mônica Roberta Suguiyama
Auxiliar Editorial:	Darlene Fernandes Escribano
Capa:	Lummi Produção Visual
Fotografia da Capa:	Ron Boardman/Getty Images
Impressão e Acabamento:	Digital Page Gráfica e Editora Ltda.

HISTOLOGIA VEGETAL
Copyright © 2014 por **editora HARBRA ltda.**
Rua Joaquim Távora, 629
04015-001 São Paulo – SP
Vendas: (0.xx.11) 5549-2244, 5571-0276 e 5084-2403. Fax: (0.xx.11) 5575-6876
Divulgação: (0.xx.11) 5084-2482 (tronco-chave)

Todos os direitos reservados. Nenhuma parte desta edição pode ser utilizada ou reproduzida – em qualquer meio ou forma, seja mecânico ou eletrônico, fotocópia, gravação etc. – nem apropriada ou estocada em sistema de banco de dados, sem a expressa autorização da editora.

ISBN (coleção) 85-294-0142-3
ISBN 978-85-294-0144-7

Impresso no Brasil   *Printed in Brazil*

Conteúdo

Apresentação 5

OS TECIDOS DE UMA PLANTA ADULTA 6

O INÍCIO DE TUDO – DO ZIGOTO AO EMBRIÃO 8

DO EMBRIÃO À PLANTA ADULTA 9

CONHECENDO MELHOR OS MERISTEMAS 10

MITOSE: CARACTERÍSTICA MARCANTE DO MERISTEMA 11

DIFERENCIAÇÃO 12

OS TECIDOS PERMANENTES 15

TECIDOS PROTETORES: EPIDERME E SÚBER 16
    EPIDERME 16
    SÚBER 21

PARÊNQUIMAS: VÁRIAS FUNÇÕES 23
    ARMAZENAMENTO 25
    ESTRUTURAS SECRETORAS 26

SUSTENTAÇÃO: UM PROBLEMA NO MEIO AÉREO 29
Colênquima 29
Esclerênquima 30

TECIDOS CONDUTORES: XILEMA E FLOEMA 32
Xilema 32
Floema 35

Tecidos vegetais (tabela) 38
Teste seus conhecimentos 40
Gabarito 46
Bibliografia 47

Apresentação

Você sabia que a vassoura de piaçaba é feita a partir das fibras extraídas de certas palmeiras? E que o chiclete que você masca é feito com resinas produzidas pelo sapotizeiro? E que os pneus dos automóveis utilizam borracha produzida pela seringueira?

Essas e outras coisas curiosas sobre Histologia Vegetal você encontrará neste livro.

Como você sabe, a Histologia é o ramo da Biologia que estuda os tecidos. Tecidos são agrupamentos de células semelhantes na forma, desempenhando o mesmo tipo de função. Em uma planta, assim como no seu organismo, há diversos tecidos, cada qual responsável pela realização de determinada (às vezes, determinadas) atividade. Você poderia fazer relações entre os tecidos do seu corpo e os de uma planta? As similaridades ficarão claras à medida que você for lendo e aprendendo as maravilhas relacionadas aos oito tecidos do corpo de uma planta adulta. No final do livro, há uma tabela com um resumo contendo as características fundamentais desses oito componentes.

Venha "curtir" conosco a aventura de descobrir a formidável organização dos tecidos vegetais e o quanto eles estão presentes em nossa vida.

Os autores

Os tecidos de uma planta adulta

Neste livro, você aprenderá a reconhecer os tecidos vegetais que, como todos os outros tecidos vivos, são conjuntos de células dotadas do mesmo formato, desempenhando funções similares.

Numa planta adulta, há apenas oito tecidos. Sete deles são considerados permanentes, ou diferenciados, e exercem determinadas funções. O oitavo, considerado o "pai" de todos, é um tecido indiferenciado, o **meristema**, gerador das células de todos os tecidos diferenciados. Aliás, essa é uma das grandes diferenças entre o organismo humano e o de um vegetal. No homem, não se constata a existência de meristema. Células de pele fazem células de pele, células sangüíneas são produzidas por células preexistentes da medula óssea, e assim por diante. Em um vegetal, **todos** os tecidos são formados a partir das células meristemáticas. Já na fase embrionária, você perceberá que o meristema é dividido em três porções: a protoderme, o meristema fundamental e o procâmbio. Cada uma dessas porções se encarregará de originar todos os tecidos componentes da jovem plântula e, depois, da planta adulta.

Nos tecidos diferenciados, a forma está sempre associada à função (por exemplo, a condução de seivas por células em formato de tubo condutor). Alguns tecidos vegetais são formados por apenas um tipo celular – são os tecidos simples. Outros, são formados por mais de um tipo celular – são os tecidos complexos. Aliás, esse fato não é estranho para nós, já que no nosso organismo o sangue é também considerado um tecido complexo por possuir mais de um tipo de célula.

Vamos, agora, aprender quais são esses tecidos.

Veja, por exemplo, na Figura 1 um esquema dos principais locais em que se encontram os tecidos de um vegetal adulto. Cada um deles exerce determinada função. Revestimento e proteção relacionam-se à **epiderme** e ao **súber**. A condução de substâncias dissolvidas em água é função desempenhada pelo **xilema** e pelo **floema**. A sustentação do corpo do vegetal fica a cargo do **colênquima** e do **esclerênquima**. Ao **parênquima** cabe a função de preencher espaços, realizar fotossíntese e armazenar diversas substâncias.

Esses sete tecidos são denominados de *permanentes* ou *diferenciados* e são responsáveis pela sobrevivência do vegetal. Todos eles se originam do **meristema**, tecido *indiferenciado* responsável pela formação de todos os demais tecidos.

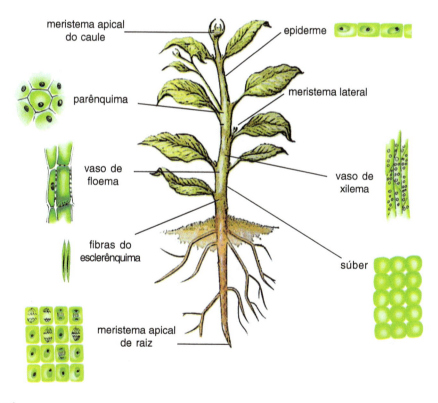

Figura 1.

O início de tudo – Do zigoto ao embrião

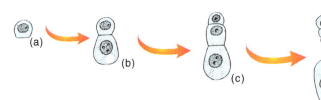

Assim como acontece com um animal, todo vegetal começa a vida só com uma célula, o **zigoto**. A partir de divisões celulares mitóticas, forma-se um grupo de células que resultará em um **embrião**. Após certo desenvolvimento, o embrião apresenta o aspecto mostrado na Figura 2.

Note que todas as células desse estágio são indiferenciadas. Pode-se dizer, portanto, que o embrião é formado por um conjunto de células meristemáticas.

Esse conjunto meristemático pode ser subdividido em três grandes componentes: a **protoderme**, que terá a função de gerar os revestimentos da planta, o **procâmbio**, cujas células gerarão as células dos tecidos condutores – xilema e floema –, e o **meristema fundamental**, que vai originar as células do parênquima, do colênquima e do esclerênquima.

Todos esses eventos acontecem no interior da semente, que é uma estrutura formada pela planta contendo um envoltório, conhecido como **tegumento**, e uma reserva alimentar denominada **endosperma**, que será utilizada pelas células embrionárias durante seu desenvolvimento.

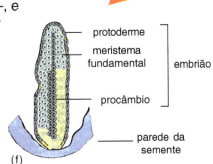

Figura 2. (a) Zigoto; (b)-(f) estágios embrionários.

Do embrião à planta adulta

O crescimento de uma planta começa com a germinação da semente. Dispondo de razoável quantidade de água e de outros fatores ambientais – temperatura adequada, por exemplo –, a semente se hidrata, o embrião entra em atividade, suas células consomem o alimento armazenado e dividem-se ativamente por mitose.

A primeira estrutura embrionária a emergir da semente é a **radícula** (veja a Figura 3). A seguir, exterioriza-se o **caulículo** e, assim, a planta jovem, ou **plântula**, inicia um longo processo rumo à formação do vegetal adulto.

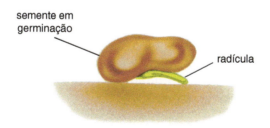

Figura 3. A raiz quase sempre é originada da radícula.

Conhecendo melhor os meristemas

Como vimos, no embrião todas as células são indiferenciadas e, portanto, meristemáticas. À medida, porém, que se vai definindo o corpo adulto da planta, as células meristemáticas ficam restritas a certos locais do corpo do vegetal. Esses locais são:

- ápices (extremidades) do caule e da raiz;
- nós e gemas laterais do caule.

Nesses pontos, os meristemas são responsáveis pelo crescimento longitudinal da planta (crescimento em comprimento). Muitas plantas, notadamente as que originarão belas árvores, além de crescerem em comprimento, também crescem em espessura. Nesse caso, entram em atividade dois outros meristemas:

- o **câmbio vascular**, responsável pela renovação anual dos vasos condutores;
- o **felogênio** (também conhecido como **câmbio da casca**) responsável pela troca anual da casca de uma árvore.

Esses dois meristemas constituem verdadeiros cones localizados no interior do corpo do vegetal. Veja o esquema da Figura 4.

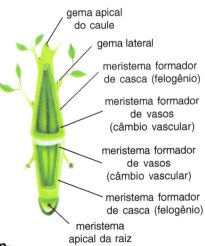

Figura 4. Localização mais frequente de meristema em uma planta adulta.

10

Mitose: característica marcante do meristema

As células do tecido meristemático são vivas, pequenas, têm parede fina, um núcleo central, que é volumoso em relação ao citoplasma, e podem conter vários pequenos vacúolos dispersos pelo citoplasma (veja a Figura 5).

A característica marcante do tecido meristemático, no entanto, é a ocorrência de mitoses.

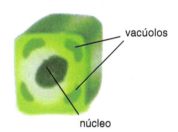

Figura 5.

O Estudo da Mitose

Muitas vezes, o estudo da mitose é feito com a ponta de raiz de cebolas, nas quais a existência de meristema permite ver as diferentes figuras mitóticas (veja a Figura 6).

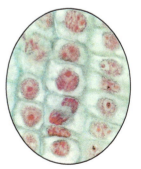

Figura 6. Na ponta da raiz de cebola, o meristema apresenta várias figuras mitóticas.

Diferenciação

É a partir das células originadas do tecido meristemático que se formam todas as demais células diferenciadas, componentes de uma planta (veja a Figura 7). É óbvio que todas essas células têm os mesmos genes.

Como explicar, então, que ao longo do processo de desenvolvimento surjam células diferentes na forma e na função? A resposta reside em um acontecimento genético até hoje rodeado de muita incerteza: a *diferenciação celular*.

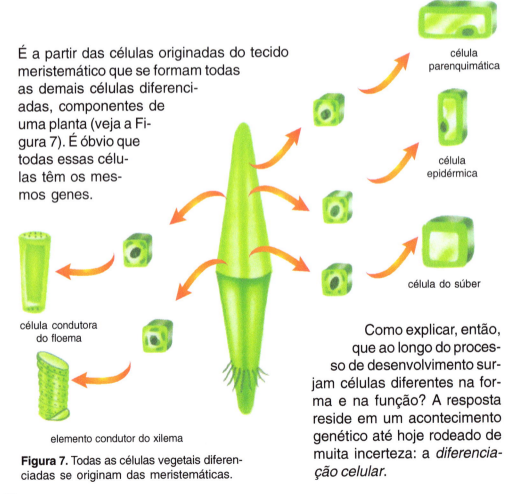

Figura 7. Todas as células vegetais diferenciadas se originam das meristemáticas.

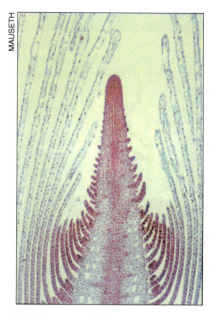

Meristema apical.

Dependendo do local em que as células meristemáticas estejam, elas poderão se diferenciar em células de revestimento, células de preenchimento ou células condutoras. Essa diferenciação envolve, inicialmente, um alongamento da célula e, posteriormente, modificações na parede, em seu conteúdo interno etc.

Durante a diferenciação, pode ocorrer que a célula permaneça em um estágio semidiferenciado. Nessas condições, ela pode sofrer uma desdiferenciação e voltar a ser meristemática (veja a Figura 8). Se isso acontecer, o meristema formado por desdiferenciação é do tipo secundário. Já o meristema originado de células embrionárias, isto é, que permanecem meristemáticas, é do tipo primário.

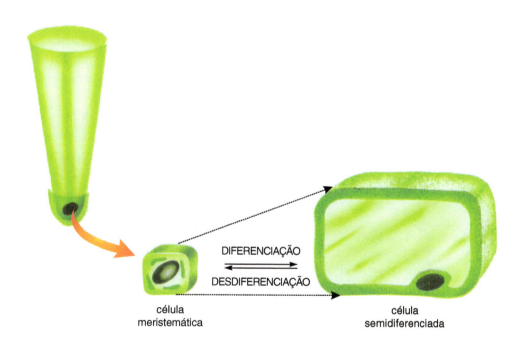

Figura 8. A diferenciação de uma célula. Da fusão dos pequenos vacúolos, surge um único, central. O núcleo e o citoplasma ficam deslocados para a periferia. A célula passa a ser anisodiamétrica, isto é, com dimensões desiguais. Um possível processo de desdiferenciação faz a célula voltar a ser meristemática.

É bom saber

Em um animal, há diferentes pontos de crescimento espalhados por todo o corpo e não há tecido meristemático – célula óssea é proveniente de célula óssea; célula de pele vem de célula de pele; hemácia provém de uma célula precursora do sangue e assim por diante.

Em um vegetal superior, *todas* as células se originam do meristema. Além disso, os pontos de crescimento são específicos e restritos aos ápices de caule e raiz, às gemas e nós caulinares e, ainda, a meristemas cônicos que permitem o crescimento em espessura do caule e da raiz.

RNP: Um Parâmetro da Diferenciação

A relação núcleo-plasmática (RNP) é um número que indica o volume do núcleo em relação ao do citoplasma. Representa-se em forma de fração onde o numerador é o valor do volume nuclear e o denominador é o valor do volume citoplasmático.

Em células meristemáticas, a RNP é alta, atingindo valores próximos de 1/2. Em células diferenciadas, a RNP é baixa por causa do aumento do volume citoplasmático, enquanto fica constante o volume nuclear (veja a Figura 9). Dependendo da célula diferenciada, a RNP atinge valores próximos de 1/8, 1/12 etc.

célula meristemática
RNP alta

célula parenquimática
RNP baixa

Figura 9. Relação núcleo-plasmática: o valor é pequeno em células diferenciadas.

Os tecidos permanentes

Vamos agora fazer um estudo dos tecidos permanentes de uma planta. Como vimos, esses tecidos, em número de sete, desempenham funções específicas. Alguns desses tecidos são considerados **simples**, por conter apenas um tipo de célula. É o caso do súber, do parênquima, do esclerênquima e do colênquima. Outros são chamados de **complexos**, por conter mais de um tipo de célula, como é o caso da epiderme, do xilema e do floema.

TECIDOS PERMANENTES			
COMPLEXOS	xilema	condução de substâncias
	floema	
	epiderme	revestimento e proteção
SIMPLES	súber	
	colênquima	sustentação
	esclerênquima	
	parênquima	preenchimento

15

Tecidos protetores: epiderme e súber

Um violento temporal, uma seca prolongada, um animal agressor ou qualquer outro agente agressivo do meio, tem que ser enfrentado pela planta imóvel, ao contrário do animal, que pode se refugiar em lugar seguro até que as condições ambientes se normalizem.

Os tecidos protetores, ou de revestimento, de uma planta são a **epiderme** e o **súber**. A eficiência deles garante a proteção dela contra diversos agentes agressivos do meio.

Epiderme

Fina, viva e eficiente

A epiderme das plantas vasculares é um tecido geralmente formado por uma única camada de células de formato irregular, achatadas ao corte, vivas e aclorofiladas.

É um tecido de revestimento típico de órgãos jovens – raiz, caule e folhas (veja a Figura 10).

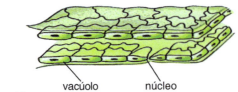

Figura 10.

Na folha, a epiderme possui notáveis especializações: sendo um órgão de face dupla, possui duas epidermes – a superior e a inferior (veja a Figura 11). Uma **cutícula cerosa**, de espessura variável, existente nas duas epidermes, que ficam em contato com o ar, confere uma proteção importante contra perdas de água.

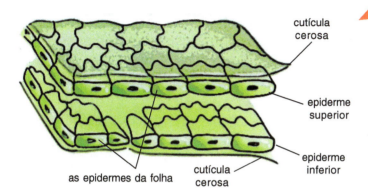

Figura 11. Corte transversal de uma folha.

Os anexos da epiderme

A epiderme pode ser dotada de vários tipos de anexos. Entre eles, podemos citar os **estômatos**, os **acúleos** e os **pelos** (também conhecidos como **tricomas**). Sem dúvida, os mais importantes são os estômatos, que têm um papel fundamental na troca de gases entre as folhas e o meio.

É bom saber

Os **acúleos**, que encontramos no caule das roseiras, não são espinhos verdadeiros. Eles se formam na epiderme e são fáceis de destacar, ao contrário dos espinhos. Servem de proteção contra a ação de pequenos animais.

17

Estômatos: as válvulas epidérmicas das plantas

Um estômato visto de cima assemelha-se a dois feijões dispostos com as concavidades frente a frente: são as duas **células estomáticas** ou **células-guardas**, que possuem parede celular mais espessa na face côncava e cuja disposição deixa entre elas um espaço denominado **fenda estomática** ou **ostíolo** (veja a Figura 12). As células estomáticas são as únicas da epiderme que possuem clorofila.

Ao lado de cada célula-guarda há uma anexa que não tem cloroplastos – é uma célula epidérmica comum. Em corte transversal, verifica-se que a fenda estomática dá acesso a um espaço, a **câmara estomática**, intercomunicante com os espaços aéreos do parênquima foliar.

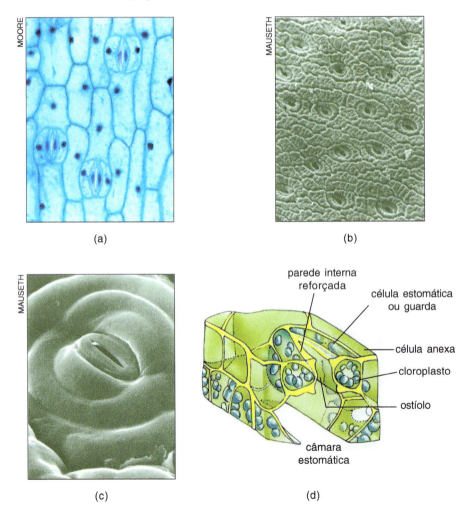

Figura 12. (a) Estômatos da epiderme de uma folha de *Zebrina*, (b) epiderme de um cacto mostrando seus estômatos; (c) fenda estomática e as células guardas e (d) esquema tridimensional de um estômato.

Pelos ou tricomas

Os **pelos** (tricomas) são estruturas epidérmicas uni ou pluricelulares (veja a Figura 13). Na raiz jovem, sobressaem os pelos absorventes, unicelulares, que correspondem a extensões da própria célula em direção às partículas do solo. Os pelos absorventes são notáveis na chamada zona pilífera da raiz e ampliam enormemente a capacidade de absorção de água e nutrientes minerais.

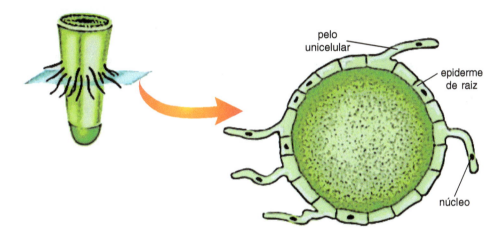

Figura 13. Corte transversal de raiz, mostrando a estrutura de um pelo unicelular.

As fibras de algodão são tricomas unicelulares da epiderme das sementes e podem chegar a medir 6 cm. São suaves, elásticas e constituídas principalmente de celulose, o que explica sua elevada capacidade de absorção de água.

O mentol, substância oleosa, volátil, de odor agradável, é extraído dos tricomas de certas espécies de pimenta.

Pimenteira.

19

Em algumas espécies de plantas "carnívoras", a epiderme das folhas é dotada de tricomas que secretam substâncias ricas em enzimas, as quais digerem o corpo dos insetos capturados.

Como essas plantas são autótrofas e vivem em solos pobres em nitrogênio, aproveitam apenas o nitrogênio contido nos aminoácidos do animal para sintetizar seus próprios aminoácidos (veja a Figura 14).

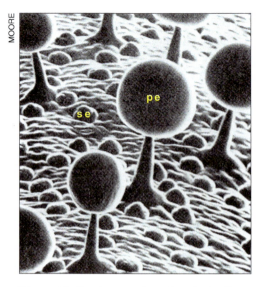

Figura 14. Os tricomas de certas plantas "carnívoras", como a *Pinguicula grandiflora*, pedunculados (pe) ou sésseis (se), secretam substâncias que auxiliam na captura e digestão de pequenos animais.

É bom saber

Qualquer um que já esbarrou em uma planta de urtiga se lembra da irritante coceira que sentiu. Nessa planta, existem tricomas unicelulares pontiagudos que, quando tocados, se rompem e penetram na pele, liberando substâncias irritantes que provocam a coceira inesquecível.

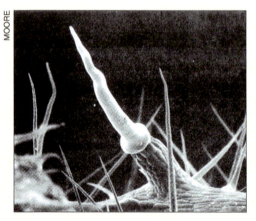

Tricoma da planta *Urtica dioica*.

Súber

É um tecido de revestimento existente nas raízes e troncos – portanto, em plantas adultas. É espesso e formado por várias camadas de *células mortas*. A morte celular, nesse caso, é devida a impregnação de grossas camadas de *suberina* (um material lipídico) nas paredes da célula, que por isso fica oca. Como armazena ar, o súber funciona como um excelente isolante térmico – além de exercer, é claro, um eficiente papel protetor.

A cortiça – utilizada na confecção de rolhas, equipamentos de mergulho e material de isolamento acústico e térmico – é extraída do súber de certas espécies de árvores (veja a Figura 15).

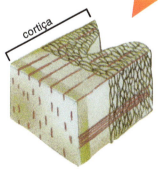

Figura 15. A cortiça é formada por várias camadas de células de súber.

É bom saber

A Casca das Árvores

O principal componente da casca que reveste o tronco das árvores é o súber. Esse revestimento, também chamado de **periderme**, se renova anualmente graças à atividade do meristema **felogênio** (câmbio da casca) que, juntamente com o **câmbio vascular**, possibilita a ocorrência do crescimento em espessura das árvores.

Parênquimas: várias funções

Parênquimas são tecidos formados por células vivas, de formato variável, contendo um grande vacúolo central.

Estão distribuídos por praticamente todo o corpo do vegetal – raízes, caule e folhas –, estando também presentes na polpa dos frutos. Só para comparar, pode-se dizer que os parênquimas correspondem aos tecidos conjuntivos dos animais, já que eles se insinuam entre os demais tecidos, exercendo assim a importante função de **preenchimento de espaços**.

Nas folhas e nos caules verdes, as células parenquimáticas, além de atuar no preenchimento de espaços, são dotadas de inúmeros cloroplastos e participam no processo de **fotossíntese**.

Nas folhas, duas epidermes, formadas por células achatadas, revestem uma camada interna constituída basicamente por dois tecidos: o tecido de preenchimento e o tecido condutor.

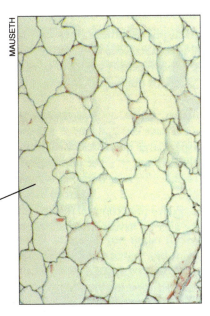

vacúolo

As células parenquimáticas possuem paredes finas e grandes vacúolos. Observe os núcleos em rosa e os nucléolos em vermelho.

O tecido de preenchimento é conhecido como **parênquima** e é, em geral, constituído por duas camadas de células clorofiladas, vivas (veja a Figura 16). A camada próxima à epiderme superior possui células organizadas em paliçada e, por isso, recebe o nome de **parênquima paliçádico**. A outra camada, próxima da epiderme inferior, possui células irregulares que se dispõem deixando lacunas, o que lhe dá um aspecto de esponja. É o **parênquima lacunoso**.

O tecido condutor é componente das nervuras. Aqui, os vasos se dispõem em feixes de tecidos condutores, embainhados por células parenquimáticas especiais. Há dois tipos de vasos: os que trazem para a folha a água necessária à fotossíntese – correspondem aos vasos do *xilema* – e os que conduzem o alimento produzido pelas folhas para o caule e a raiz – correspondem aos vasos do *floema*.

Cabe ao **parênquima clorofiliano** (outro nome do conjunto formado pelo parênquima paliçádico e parênquima lacunoso) o papel de nutrir o vegetal com os alimentos orgânicos necessários à sua sobrevivência, a partir da realização da fotossíntese.

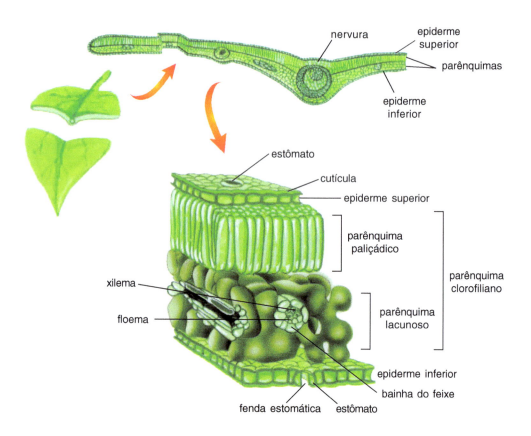

Figura 16. Corte transversal de uma folha, evidenciando sua morfologia interna.

Armazenamento

Parênquimas também podem armazenar reservas e água

Em muitos vegetais, o parênquima serve como **tecido de armazenamento** de diversas substâncias. É o caso da mandioca, da batata-doce e da batata-inglesa, em que os parênquimas armazenam grande quantidade de amido – **parênquima amilífero** (veja a Figura 17) – substância energética de importância extraordinária para a alimentação humana. Nos cactos, o parênquima atua no armazenamento de água – **parênquima aquífero**.

Figura 17. Detalhe do corte do parênquima amilífero da batata-inglesa.

É bom saber

No nordeste brasileiro, é comum o cultivo de "palmas" para a alimentação do gado, uma vez que essa cactácea armazena uma grande quantidade de água.

parênquima aquífero

O parênquima das plantas aquáticas

As folhas de muitas plantas aquáticas – por exemplo, das ninfeias que crescem em muitas lagoas – conseguem flutuar graças à existência nelas de um **parênquima aerífero**. As células parenquimáticas ficam bem afastadas umas das outras, formando-se muitos espaços dotados de ar (veja a Figura 18).

Figura 18. Parênquima aerífero de folha de *Nymphaea*.

Estruturas secretoras

Em muitas plantas existem estruturas que se assemelham, quanto à função, às glândulas dos animais.

Essas estruturas são consideradas tecido à parte e produzem diferentes substâncias, cada qual com funções específicas. Como exemplos, podemos citar os nectários, os hidatódios, as glândulas de sal e os ductos e canais resiníferos.

Nectários são glândulas geralmente presentes em flores. Secretam uma solução aquosa rica em açúcares e aminoácidos e servem para alimentar os diferentes animais polinizadores, que visitam as plantas em flor.

O agente polinizador alimenta-se do néctar produzido por nectários.

> ### É bom saber
>
> Nas imbaúbas existem os chamados nectários extraflorais (que não ficam na flor, mas no caule). Eles alimentam formigas, que protegem a planta do ataque de outros insetos. Assim, formigas e imbaúbas se unem em uma relação vantajosa para ambos, já que as formigas obtêm alimento para a sua sobrevivência e as plantas ficam protegidas dos seus agressores.

Hidatódios são estruturas próprias das folhas de certas plantas, compostas de um grupo de células parenquimáticas frouxamente dispostas junto às terminações finíssimas de vasos do xilema. Por eles ocorre a expulsão de água e sais, por meio de um orifício nas margens ou pontas das folhas. Em noites quentes e úmidas é comum haver gotas de água nas extremidades de folhas de capim, como resultado da ação dos hidatódios nessas plantas.

Eliminação de gotas de água por hidatódios de folhas de morango.

Em algumas plantas que crescem em ambientes com grande concentração salina, chamamos de **glândulas de sal** às estruturas que auxiliam a planta a remover o excesso de sal e a depositá-lo na face externa de suas folhas.

O agradável odor que sentimos ao pressionar folhas de eucalipto ou de laranjeira se deve à liberação de resinas voláteis a partir de **canais** ou **cavidades** secretoras que ficam misturadas ao parênquima foliar. Em troncos feridos de pinheiro é comum a liberação de resinas aderentes, de função cicatricial, produzidas por **canais resiníferos**.

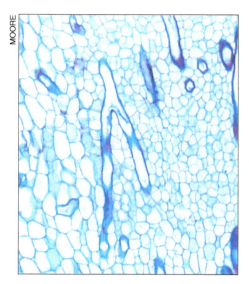

Ducto resinífero de uma folha de *Pinus*. Quando rompidos, esses ductos liberam resina que protege o vegetal de herbívoros e auxiliam também na cicatrização.

É bom saber

Borracha e Chicletes

O látex que escorre de troncos de seringueiras e dos caules das coroas-de-cristo é produzido por **canais laticíferos**, que liberam um composto de cor esbranquiçada cuja função é cicatrizar os ferimentos produzidos. O homem aproveita o látex da seringueira para a produção de borracha. Do sapotizeiro (*Achras zapota*) extrai-se o látex que serve para a produção de chicletes.

Sustentação: um problema no meio aéreo

A sustentação de uma planta se deve à existência de tecidos especializados para essa função: o **colênquima** e o **esclerênquima** (veja a Figura 19).

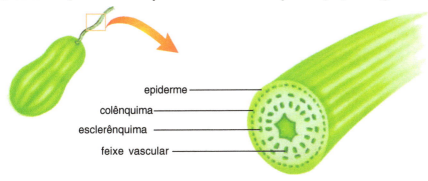

Figura 19. Colênquima e esclerênquima costumam ter posições definidas dentro do corpo do vegetal. Como exemplo, ilustra-se a localização desses tecidos em corte esquemático do caule de aboboreira.

Colênquima

A celulose reforça suas células

As células do colênquima são alongadas e irregulares e se dispõem em forma de feixes.

29

Cortadas transversalmente, têm aspecto hexagonal. São vivas e nucleadas, e sua parede apresenta reforços de celulose, mais intensos nos cantos internos da célula, o que lhes confere certa resistência ao esmagamento lateral (veja a Figura 20). O colênquima é um tecido flexível, localizado mais externamente no corpo do vegetal, encontrado em estruturas jovens, como pecíolo de folhas, extremidade do caule, raízes, frutos e flores.

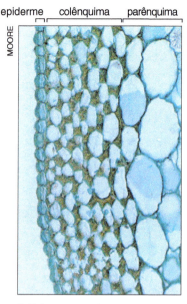

Células do colênquima: observe os núcleos aparentes das células maduras.

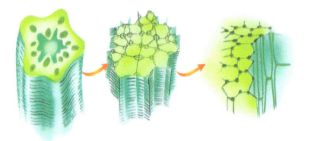

Figura 20. Colênquima.

Esclerênquima

A lignina reforça suas células

O esclerênquima é um tecido mais rígido que o colênquima, e é encontrado em diferentes locais do corpo de uma planta, tanto jovem como adulta. As células do esclerênquima têm um espessamento secundário nas paredes, devido à impregnação de lignina (veja a Figura 21).

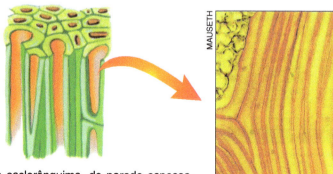

Figura 21. Fibras de esclerênquima, de parede espessada, acompanham vasos condutores, sendo, portanto, de localização mais interna no caule.

As células mais comuns do esclerênquima são as **fibras** (veja a Figura 21) e os **esclerídeos**, também chamados **escleritos** (veja a Figura 22).

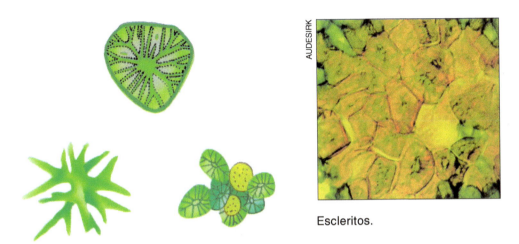

Escleritos.

Figura 22. Escleritos costumam ser encontrados na polpa da pêra e em cascas espessas de sementes.

Linho, Piaçaba, Ráfia, Juta, Sisal: Fibras de Esclerênquima

Fibras de esclerênquima são utilizadas na confecção de tapetes, cordas e roupas. Feixes de fibras do caule do linho se destinam à indústria de roupas. Das folhas do agave retira-se o sisal. A juta se obtém das fibras extraídas do fruto seco de certas plantas. A piaçaba (utilizada na confecção de vassouras e escovas) e a ráfia são fibras extraídas das folhas de certas palmeiras.

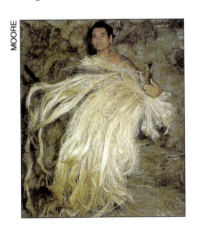

Tecidos condutores: xilema e floema

Xilema

Os vasos condutores do xilema (também chamado *lenho*) são formados por células mortas. A morte celular se deve à impregnação da célula por *lignina*, um composto aromático altamente impermeabilizante.

Devido a essa impermeabilização, a célula deixa de receber nutrientes e morre. Desfaz-se assim o seu conteúdo interno, e ela acaba ficando oca e com as paredes duras, já que a lignina possui, também, a propriedade de endurecer a parede celular.

A deposição de lignina na parede não é uniforme. A célula, então, endurecida e oca, serve como elemento condutor. Existem dois tipos de células condutoras no xilema: **traqueíde** e **elemento de vaso traqueário**.

Traqueídes

Traqueídes são células extremamente finas, (veja a Figura 23) de pequeno comprimento (em média 4 mm) e diâmetro reduzido (da ordem de 20 μm).

Figura 23. Células de traqueídes.

Quando funcionais, as traqueídes estão agrupadas em feixes cujas extremidades se tocam.

Na extremidade de cada traqueíde, assim como lateralmente, há uma série de **pontuações** (pequeníssimos orifícios) que permitem a passagem de seiva no sentido longitudinal e lateral (veja a Figura 24).

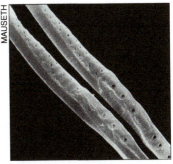

Os pequeníssimos orifícios das traqueídes são chamados pontuações.

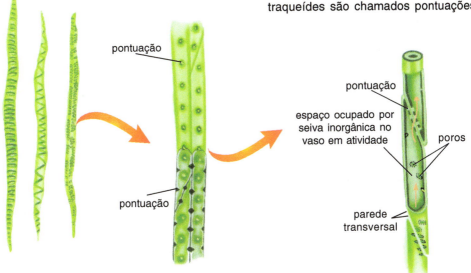

Figura 24. Esquemas de alguns tipos de traqueídes.

É bom saber

A Madeira é Rica em Xilema e Esclerênquima

Por terem paredes rígidas, lignificadas, as células do xilema também contribuem para a sustentação das árvores. Nelas, o cerne é rico em xilema e esclerênquima. Por isso, a madeira de muitas árvores é utilizada para a construção de móveis e casas, além de ser útil na confecção de postes, mourões e, em muitas regiões do Brasil, como lenha para diversas finalidades.

Elementos de vaso

Menores que as traqueídes (em média de 1 a 3 mm), porém mais largos (até 300 μm), os elementos de vaso também possuem pontuações laterais que permitem a passagem de seiva. Sua principal característica é que nas suas *extremidades* as paredes são *perfuradas*, isto é, não há parede divisória entre uma e outra célula (veja a Figura 25). O vaso formado pela reunião de diversos elementos de vaso é conhecido como **traqueia**.

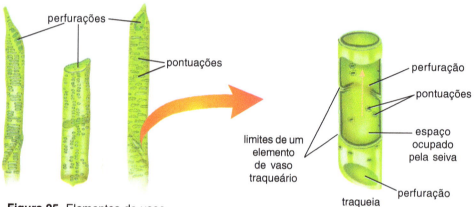

Figura 25. Elementos de vaso.

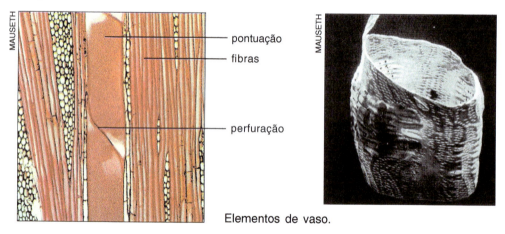

Elementos de vaso.

É bom saber

O nome do vaso *traqueia* deriva da semelhança que os reforços de lignina apresentam com os reforços da traqueia humana e da dos insetos.

O Xilema não Possui apenas Células Condutoras

O xilema é um tecido complexo que também contribui para a sustentação do corpo do vegetal. Além dos elementos condutores, ele se compõe de um conjunto de fibras longitudinais rígidas, lignificadas que se interpõem entre os conjuntos de vasos. Existe, ainda, um parênquima (tecido vivo) interposto, que separa grupos de células condutoras (veja a Figura 26). Acredita-se que essas células parenquimáticas secretem diferentes substâncias que provavelmente auxiliam a preservação dos vasos mortos do xilema.

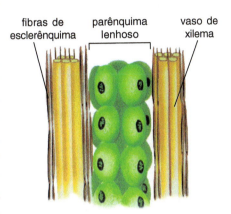

Figura 26. O xilema é um tecido complexo. Dele participam células condutoras, fibras e células parenquimáticas.

Floema

Células vivas e anucleadas

Os vasos do floema (também chamado *líber*) são formados por células vivas, cuja parede só tem a membrana esquelética celulósica típica dos vegetais e uma fina membrana plasmática. São células altamente especializadas que perdem o núcleo durante o processo de diferenciação. Seu interior é ocupado pela seiva elaborada (ou seiva orgânica) e por muitas fibras de proteína, típicas do floema.

A passagem da seiva orgânica de célula a célula é facilitada pela existência de **placas crivadas** nas paredes terminais das células que se tocam. Através dos crivos, flui a seiva elaborada de uma célula para outra, juntamente com finos filamentos citoplasmáticos (veja a Figura 27).

Os orifícios das placas crivadas são revestidos por **calose**, polissacarídeo que obstrui os crivos quando os vasos crivados ficam momentaneamente sem função. Ao retornarem à atividade, esse calo é desfeito.

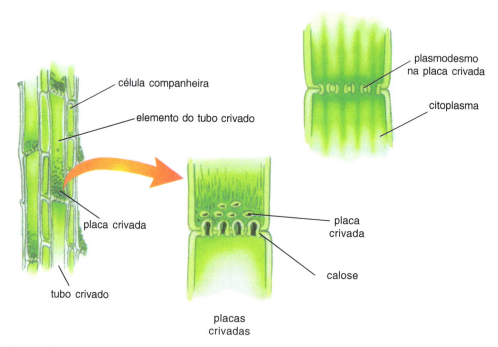

Figura 27. Corte longitudinal do floema, mostrando tubos crivados e células companheiras.

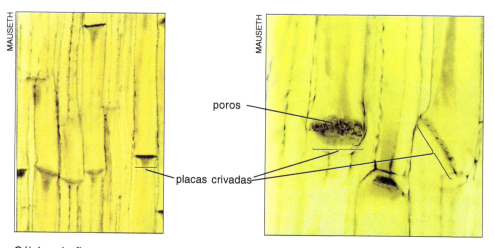

Células do floema.

Células companheiras

Lateralmente aos tubos crivados, existem algumas células delgadas, nucleadas, chamadas **companheiras**, cujo núcleo passa a dirigir também a vida da célula condutora.

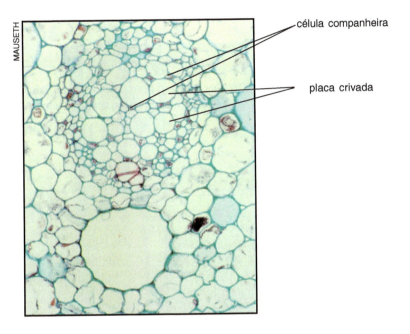

célula companheira

placa crivada

É bom saber

A inexistência de núcleo em células não é de estranhar. As hemácias humanas são anucleadas, sendo, porém, de curta duração (em torno de 120 dias). No floema, a existência das células companheiras assegura vida mais longa às células condutoras anucleadas (aproximadamente dois anos).

TECIDOS

Tecido	Características	Função	Localização
meristema	células vivas, isodiamétricas, inúmeras figuras mitóticas	crescimento	regiões apicais de raiz e caule; gemas e nós laterais; câmbio vascular e felogênio
epiderme	células vivas, achatadas, aclorofiladas	proteção, absorção, trocas gasosas	revestimento de folhas, flores, frutos, caules e raízes jovens
súber	células mortas por impregnação de suberina; várias camadas	proteção e isolamento térmico	revestimento de caules e raízes idosos (troncos)
parênquima	células vivas, clorofiladas ou aclorofiladas	preenchimento, armazenamento, fotossíntese	por todo o corpo do vegetal

VEGETAIS

Tecido	Características	Função	Localização
floema (líber)	células vivas, elementos de vasos crivados (anucleados) e células companheiras	condução de seiva elaborada	constituintes dos feixes vasculares de raiz, caule e folha
xilema (lenho)	células mortas por impregnação de lignina; traqueídes e elementos de vaso	condução de seiva bruta e sustentação	constituintes dos feixes vasculares de raiz, caule e folha
esclerênquima	células mortas por deposição de lignina, fibras e escleritos	sustentação	acompanhando os feixes vasculares; troncos de árvores; polpa de frutos e casca de sementes e frutos
colênquima	células vivas, parede intensamente reforçada de celulose	reforço e sustentação	abaixo da epiderme de órgãos jovens (folhas e caules)

 **Teste seus conhecimentos**

1. (UFMG) Observe os esquemas de tecidos, numerados de 1 a 5. Indique a alternativa que contém os números relacionados apenas a tecidos vegetais.

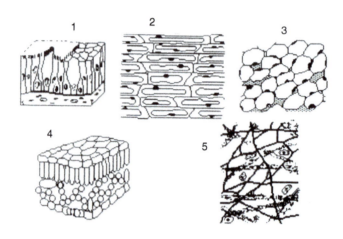

a. 1 e 4.
b. 1 e 5.
c. 2 e 3.
d. 2 e 4.
e. 3 e 5.

2. (FATEC – SP) Nos vegetais encontramos tecidos responsáveis pelo crescimento da planta por meio de mitose. Estes tecidos são chamados
a. parênquimas.
b. esclerênquimas.
c. meristemas.
d. colênquimas.
e. floema e xilema.

3. (UFV – modificado – MG) Em relação ao câmbio vascular – um tipo de meristema – pode-se afirmar que é um tecido.
a. formador de xilema e floema.
b. adulto, originado pela protoderme.
c. meristema primário que origina a epiderme.
d. adulto, que origina o floema apenas.
e. meristemático primário, que origina o xilema apenas.

4. (UFMG – modificado) O esquema da página seguinte refere-se a um corte transversal de uma folha de vegetal em que estruturas histológicas foram indicadas pelos números de 1 a 5.

Em relação a esse esquema, é INCORRETO afirmar-se que

a. 1 é uma estrutura de proteção.
b. 2 é um epitélio com capacidade de renovação.
c. 3 é o principal tecido fotossintético.
d. 4 contém estrutura responsável pela condução de seiva.
e. 5 é uma abertura formada pelas células estomáticas.

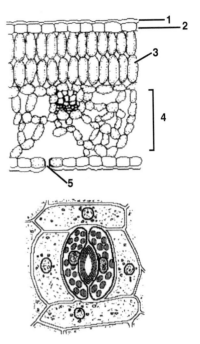

5. (MACKENZIE – SP) O desenho ao lado é de uma estrutura encontrada nos vegetais, cuja função é promover trocas gasosas. Essa estrutura aparece, principalmente:

a. nas epidermes inferior e superior das folhas.
b. na epiderme inferior das folhas.
c. na epiderme superior das folhas.
d. no parênquima lacunoso das folhas.
e. no parênquima paliçádico das folhas.

6. (UEL – PR) Um tecido vegetal formado por células mortas, em decorrência da impregnação de suberina em suas paredes, e cheias de ar encontra-se

a. no interior das folhas.
b. na superfície das folhas.
c. na zona subapical da raiz.
d. na zona de distensão do caule.
e. na casca do tronco das árvores.

7. (PUC – MG) Nos vegetais, os tecidos que podem ser comparados, funcionalmente, com os tecidos conjuntivos dos animais são os tecidos:

a. secretores.
b. meristemáticos.
c. de proteção.
d. mecânicos.
e. parenquimáticos.

8. Periderme é o nome dado

a. à epiderme de um tronco de árvore.
b. à casca de uma árvore, renovável todos os anos e formado por súber, parênquima e floema.
c. à casca, liberada todos os anos de uma árvore, formada principalmente por súber, felogênio e colênquima.
d. à casca renovável de uma árvore, formada por súber, felogênio e parênquima (feloderme).
e. à casca suberosa de uma árvore, constituída por súber e parênquima apenas.

9. (UEL – PR) Qual dos seguintes conjuntos de características é comum a todos os tecidos de sustentação dos vegetais?

a. células mortas, localização periférica e presença de lignina.
b. células em atividade, localização interna e parede reforçada com substâncias diversas.
c. células mortas ou em atividade, localização variada e parede reforçada com substâncias diversas.
d. células alongadas, localização periférica e presença de lignina ou celulose.
e. células alongadas e mortas, localização interna e parede reforçada com substâncias diversas.

10. (VUNESP – SP) O esclerênquima é
    a. tecido vivo, formado por células com reforço de lignina.
    b. tecido vivo, formado por células com reforço de celulose.
    c. tecido morto, formado por células com reforço de celulose.
    d. tecido morto, formado por células com reforço de lignina.
    e. tecido vivo, formado por células com reforço de celulose e lignina.

11. (UEL – PR) Os tecidos que permitem às plantas se manterem eretas são, principalmente,
    a. o lenho, o esclerênquima e o colênquima.
    b. o líber, o esclerênquima e o colênquima.
    c. o lenho, o líber e o colênquima.
    d. o lenho, o líber e o meristema.
    e. o meristema, o colênquima e o esclerênquima.

12. (UFMG) A estrofe a seguir foi extraída do poema "Jogos Frutais", de João Cabral de Melo Neto.

    "Está desenhada a lápis
       de ponta fina,
    tal como a cana-de-açúcar
       que é pura linha."

    O termo "pura linha" a que se refere o poeta corresponde ao tecido vegetal
    a. colênquima.
    b. esclerênquima.
    c. meristema.
    d. parênquima.

13. (VUNESP) São exemplos de tecidos de sustentação, condução e proteção, respectivamente:
    a. súber – traqueídes – esclerênquima.
    b. epiderme – esclerênquima – súber.
    c. súber – colênquima – fibras.
    d. esclerênquima – traqueídes – súber.
    e. colênquima – xilema – traqueídes.

14. (FUVEST – SP) Qual das seguintes estruturas desempenha nas plantas função correspondente ao esqueleto dos animais?
    a. xilema
    b. parênquima

c. súber
   d. meristema
   e. estômato

15. (UFRN) Qual dos tecidos vegetais abaixo exerce duas funções, sendo uma delas de sustentação?
    a. esclerênquima
    b. floema primário
    c. xilema
    d. meristema secundário
    e. epiderme

16. A semelhança existente entre uma hemácia e uma célula crivada do floema está relacionada ao fato de que ambas as células
    a. transportam nutrientes orgânicos.
    b. locomovem-se por pseudópodes.
    c. são anucleadas.
    d. transportam gases.
    e. são ricas em hemoglobina.

17. (UFGO) Considerando **floema** e **xilema**, pode-se afirmar que:

    I – os elementos de vaso, constituintes do xilema, possuem paredes com depósitos de lignina;
    II – o xilema transporta a seiva elaborada, e o floema, a água e os sais minerais;
    III – a calose é um polissacarídeo bastante comum nos vasos constituintes do floema;
    IV – tanto o floema quanto o xilema são constituídos de células mortas.

    Assinale:
    a. se apenas as afirmativas III e IV forem corretas;
    b. se apenas as afirmativas I e II forem corretas;
    c. se apenas as afirmativas II e IV forem corretas;
    d. se apenas as afirmativas I e III forem corretas;
    e. se apenas a afirmativa I for correta.

18. (UFRS) Entre os tecidos vegetais, a madeira desempenhou um papel decisivo na história da humanidade. Sob o ponto de vista anatômico, a madeira corresponde ao
    a. xilema secundário.
    b. floema primário.
    c. súber.
    d. córtex.
    e. câmbio vascular.

19. (UDESC) O cheiro típico da casca de limão ou das folhas de eucalipto deve-se à presença de substâncias armazenadas em
    a. canais resiníferos.

b. hidatódios.
c. bolsas secretoras.
d. acúleos.
e. estômatos.

20. (Uni-Rio – RJ) Associe as estruturas vegetais com suas funções:

1 – secreção ( ) células crivadas
2 – proteção ( ) acúleos
3 – sustentação ( ) nectários
4 – condução ( ) hidatódios
( ) esclereídos

A associação correta é:
a. 1 – 2 – 1 – 3 – 4
b. 3 – 1 – 2 – 4 – 3
c. 4 – 1 – 3 – 3 – 2
d. 4 – 2 – 1 – 1 – 2
e. 4 – 2 – 1 – 1 – 3

21. (UFSC) Na questão a seguir escreva a soma dos itens corretos.

Tal como sucede com os animais, também as plantas desenvolvidas apresentam as suas células com uma organização estrutural formando tecidos. Os tecidos vegetais se distribuem em dois grandes grupos: tecidos de formação e tecidos permanentes. Com relação aos tecidos vegetais, assinale as proposições CORRETAS.

01. Os meristemas e a epiderme são exemplos de tecidos de formação.
02. O xilema e o colênquima são tecidos permanentes.
04. Os meristemas são tecidos embrionários dos quais resultam todos os demais tecidos vegetais.
08. Os parênquimas, quando dotados de células ricamente clorofiladas, são tecidos de síntese.
16. Os tecidos de arejamento se destinam às trocas gasosas e de sais minerais entre a planta e o meio ambiente, sendo o floema um de seus principais exemplos.
32. As bolsas secretoras, presentes em nectários, juntamente com os canais laticíferos, existentes nas seringueiras, são exemplos de tecidos de secreção.

22. (VUNESP) A tabela reúne estrutura e função de planta pertencente ao grupo das fanerógamas (plantas floríferas).

Estrutura   Função
I – parênquima paliçádico   1 – transporte de seiva inorgânica
II – floema   2 – absorção de água
III – pêlos radiculares   3 – fotossíntese
IV – xilema   4 – transporte de seiva orgânica

Correlacione a estrutura com sua função correspondente e assinale a alternativa correta.
a. I – 3, II – 1, III – 2, IV – 4.
b. I – 3, II – 4, III – 2, IV – 1.
c. I – 2, II – 4, III – 3, IV – 1.

d. I – 2, II – 3, III – 4, IV – 1.
e. I – 1, II – 3, III – 4, IV – 2.

23. (UFRS) Associe as denominações listadas na coluna A às alternativas da coluna B que melhor as explicam.

Coluna A
( ) floema
( ) parênquima
( ) esclerênquima
( ) xilema
( ) meristema

Coluna B
1 – tecido embrionário
2 – tecido de sustentação
3 – tecido de condução
4 – tecido de síntese e armazenamento

A relação numérica correta, de cima para baixo, na coluna A, é:

a. 3 – 4 – 2 – 3 – 1
b. 3 – 2 – 1 – 3 – 4
c. 4 – 3 – 4 – 1 – 2
d. 4 – 2 – 1 – 3 – 3
e. 2 – 3 – 1 – 4 – 3

24. (UDESC) Considere os tecidos e as suas características e, depois, selecione a alternativa que apresenta correspondência CORRETA entre as colunas.

(I) meristema secundário
(II) tegumentar
(III) esclerênquima
(IV) parênquima clorofiliano

(1) função de sustentação
(2) função de síntese
(3) se desdiferenciam e tornam a ter capacidade de se dividir intensamente
(4) predominante nas folhas
(5) formado por células vivas
(6) função de proteção

a. I – 3; II – 2; III – 4; IV – 5
b. I – 1; II – 2; III – 3; IV – 4
c. I – 4; II – 3; III – 6; IV – 5
d. I – 5; II – 6; III – 1; IV – 2
e. I – 6; II – 5; III – 1; IV – 4

25. (VUNESP) Quando se esbarra em uma planta de urtiga, ocorre forte irritação no local atingido, devido à reação do organismo da pessoa em resposta à substância urticante produzida pela planta.
a. Que tipo de estrutura produz a substância urticante?
b. A que tecido vegetal pertence essa estrutura?

Gabarito

1. d
2. c
3. a
4. b
5. b
6. e
7. e
8. d
9. c
10. d
11. a
12. b
13. d
14. a
15. c
16. c
17. d
18. a
19. c
20. e
21. soma (02, 04, 08, 32) = 46
22. b
23. a
24. d
25. a. Pelo glandular (tricoma)
    b. Epiderme

Bibliografia

AUDESIRK, T. & AUDESIRK G. *Biology – Life on Earth*. 5. ed. New Jersey, Prentice-Hall, 1999.
FAHN, A. *Plant Anatomy*. 3. ed. Oxford, Pergamon Press, 1982.
MAUSETH, J. D. *Botany – An Introduction to Plant Biology*. 2. ed. Sudbury, Jones and Bartlett, 1998.
MOORE, R., CLARK, W. D. & VODOPICH, D. S. *Botany*. 2. ed. New York, McGraw-Hill, 1998.
RAVEN, P. H., EVERT, R. F. & EICHHORN, S. E. *Biologia Vegetal*. 5. ed. Rio de Janeiro, Guanabara Koogan, 1996.
WALLACE, R. A., SANDERS, G. P. & FERL, R. J. *Biology – The Science of Life*. 3. ed. New York, HarperCollins, 1991.